U0162272
捕食与防守
请准备好小板凳，
达尔文要讲故事了！

DNA

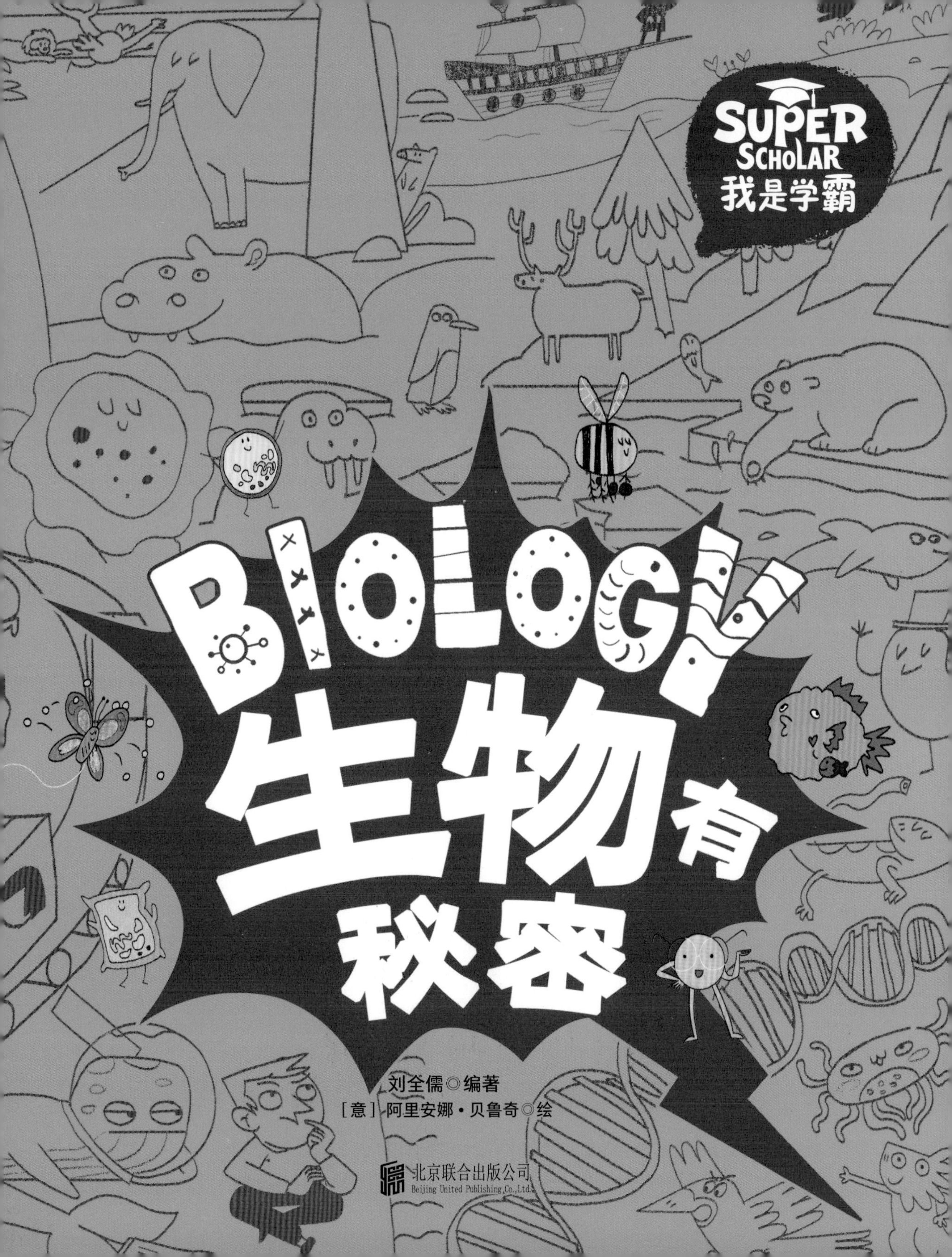
SUPER
SCHOLAR
我是学霸
BIOLOGY
生物有秘密
刘全儒◎编著
[意] 阿里安娜·贝鲁奇◎绘
北京联合出版公司
Beijing United Publishing Co.,Ltd.

图书在版编目（CIP）数据

生物有秘密 / 刘全儒编著；（意）阿里安娜・贝鲁奇绘. — 北京：北京联合出版公司，2021.9（2024.2 重印）

（我是学霸）

ISBN 978-7-5596-5452-6

Ⅰ. ①生… Ⅱ. ①刘… ②阿… Ⅲ. ①生物学－儿童读物 Ⅳ. ① Q-49

中国版本图书馆 CIP 数据核字 (2021) 第 143809 号

出 品 人： 赵红仕
项目策划： 冷寒风
作　　者： 刘全儒
绘　　者： [意] 阿里安娜・贝鲁奇
责任编辑： 夏应鹏
特约编辑： 尹丽影
项目统筹： 李楠楠
美术统筹： 田新培　吴金周
封面设计： 罗　雷

北京联合出版公司出版
（北京市西城区德外大街 83 号楼 9 层　100088）
文畅阁印刷有限公司印刷　新华书店经销
字数 20 千字　720 × 787 毫米　1/12　4 印张
2021 年 9 月第 1 版　2024 年 2 月第 4 次印刷
ISBN 978-7-5596-5452-6
定价：52.00 元

版权所有，侵权必究
未经书面许可，不得以任何方式转载、复制、翻印本书部分或全部内容。
本书若有质量问题，请与本社图书销售中心联系调换。电话：010-82651017

目录

细胞
生命的另一个名字
从肉眼看不见的细菌到体形巨大的蓝鲸，世界上几乎所有的生物都是由细胞构成的。如果没有它们，你连这页书都看不了！
蓝鲸长得那么大，难道是因为它们的细胞非常非常大？
唉，愚蠢的人类！
蓝鲸体形大，不是因为细胞大，而是细胞数量多。
一个成年人的体内大约有100000000000000个细胞。
你要用显微镜才能看见它们。
细胞可不都是圆滚滚的模样。
有我，人类才能思考。
神经细胞
我能分泌钙质。
造骨细胞
我能运送氧气和二氧化碳。
红细胞
大力士就是我！
肌肉细胞

每个细胞就像一个小生命，会经历出生、生长、成熟、繁殖、衰老和死亡。

我的体内大部分都是水，你可以叫我“小水袋”！

大多数细胞会移动，但植物细胞可不行。

我动不了！

有时细胞也会生病。

自然点！
癌细胞会伪装成正常细胞在生物体内无休止地分裂，跟正常细胞抢地盘和食物。

生物学上管这叫“细胞增殖”。

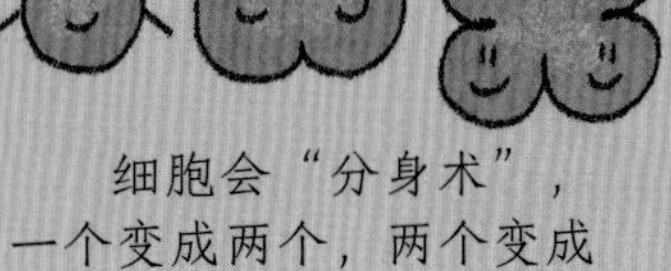

细胞会“分身术”，一个变成两个，两个变成四个……

白细胞只能活5～7天，红细胞可以活120天左右。

糖是我们的能量来源，难怪人类对甜食那么热爱。人类吃东西其实都是为了养我们。

细胞之间可以进行交流。

细胞不断地获取能量，同时产生废物。

不同的细胞有着不一样的“超能力”。
萤火虫尾部的细胞会发光。
变色龙身上的细胞会变色。
叶肉细胞
我爱穿绿衣服。
蜥蜴的尾巴断了还能重新长出来。
含羞草被碰时，细胞会快速做出反应。

世界上没有一个懒细胞

世界上只有两种细胞：已经死掉的和总是忙个不停的。几乎没有一个细胞是懒惰的。细胞的分工很明确，工作也很精细，这也是为什么聪明的科学家能造出飞机、机器人和原子弹，却很难造出一个细胞，因为它们实在是太复杂了！

这个细胞的主人可能是一只猫，也可能是一只讨厌的苍蝇，总之，它来源于动物（包括你）。
动物细胞
难度测定仪
细胞
滚蛋！
二氧化碳和代谢废物
怎么判断一个细胞属于动物还是植物呢？跟你找人一样，看“外表”！
我是门卫，需要检查进出的物质！
欢迎！
请进！
营养物质
水
就像皮肤将人体的内部和外界隔开一样，细胞的**细胞膜**也将细胞内部和外界分隔开来。
停止前进，有不明物混在你们的队伍里！
细菌及不明物

动物细胞的细胞膜很柔软，还能像水一样流动。别看它比蜘蛛丝还要薄几百倍，却足够结实，能完美保护所包裹的东西。

细胞膜最想保护的是一种叫DNA的遗传物质，它决定了生物的走路姿势、眼睛颜色、肢体灵活度，还有尾巴有多长等。总之，这里是让你成为独一无二的个体的地方。

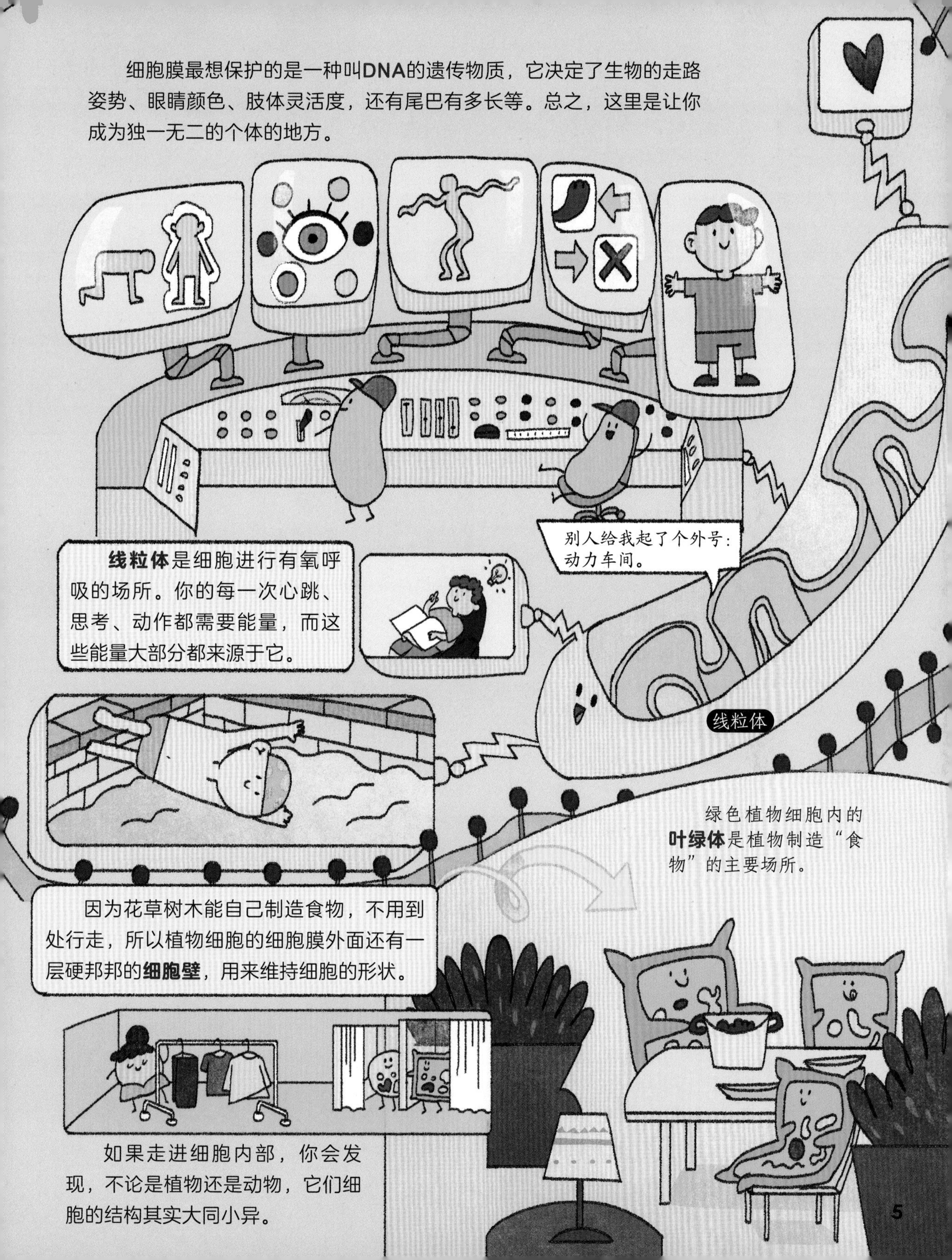

别人给我起了个外号：动力车间。
线粒体

线粒体是细胞进行有氧呼吸的场所。你的每一次心跳、思考、动作都需要能量，而这些能量大部分都来源于它。

绿色植物细胞内的**叶绿体**是植物制造“食物”的主要场所。

因为花草树木能自己制造食物，不用到处行走，所以植物细胞的细胞膜外面还有一层硬邦邦的**细胞壁**，用来维持细胞的形状。

如果走进细胞内部，你会发现，不论是植物还是动物，它们细胞的结构其实大同小异。

小心，千万别舔这一页

你听过微生物的大名吗？没错，就是它们害我们生的病！它们无处不在——冰冷的南极、空气中、手指上、深海中、石油里……连这一页纸上都有无数的微生物。

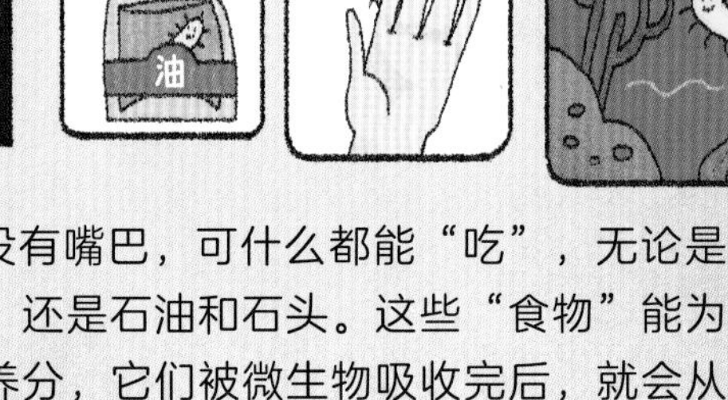

所以千万不要怪我没提醒你，如果你舔了这一页，小心它们跑到你的肚子里。

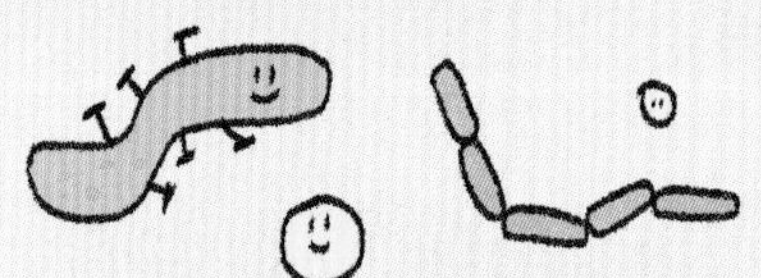

但是你也不要太害怕，其实大部分微生物都在忙着其他事情，只有少数会让人生病。

微生物是世界上最小的生物，光是蚂蚁的触角上就约有几百万个。

微生物几乎无法被人们用肉眼观察到，但如果把它们放到显微镜下，你就会发现，它们长得千奇百怪，有的像薯条，有的像外星怪兽，有的像土豆……

微生物没有嘴巴，可什么都能“吃”，无论是植物、动物，还是石油和石头。这些“食物”能为微生物提供养分，它们被微生物吸收完后，就会从一种东西慢慢地变成另一种东西。

今日特色菜
·鲸鱼 ·大树
·石头 ·石油
我们可以把食物变成肥料，把石头变成土壤。

微生物能让大象消失、使森林存在，还能造出各种好吃的食物。

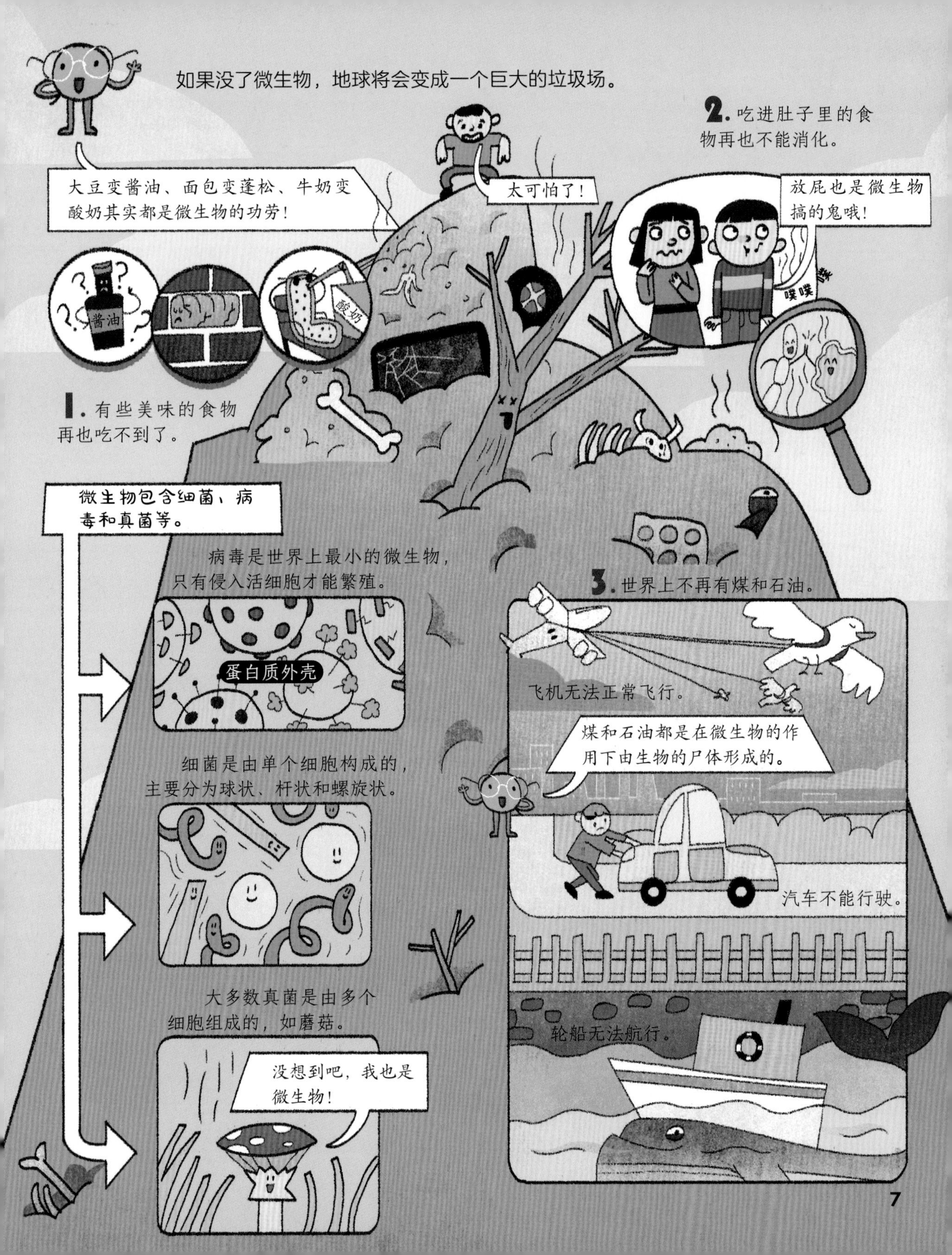

如果没了微生物，地球将会变成一个巨大的垃圾场。
大豆变酱油、面包变蓬松、牛奶变酸奶其实都是微生物的功劳！
太可怕了！
酱油
酸奶
1. 有些美味的食物再也吃不到了。
2. 吃进肚子里的食物再也不能消化。
放屁也是微生物搞的鬼哦！
噗噗噗
微生物包含细菌、病毒和真菌等。
病毒是世界上最小的微生物，只有侵入活细胞才能繁殖。
蛋白质外壳
细菌是由单个细胞构成的，主要分为球状、杆状和螺旋状。
大多数真菌是由多个细胞组成的，如蘑菇。
没想到吧，我也是微生物！
3. 世界上不再有煤和石油。
飞机无法正常飞行。
煤和石油都是在微生物的作用下由生物的尸体形成的。
汽车不能行驶。
轮船无法航行。

本能
“天生”是个好理由
蜜蜂宝宝不用教就会采蜜，蜘蛛生下来就会结网，候鸟到了秋天就飞往另一个地方……你是不是也觉得不可思议？这一切其实都是出于生物的本能。
很多鸟用高超的技巧建造美丽舒适的窝。
我天生就会筑巢！
为了寻找食物或配偶，有些动物每年都会踏上漫长又艰辛的旅程，这就是迁徙。
候鸟冬天飞去南方过冬，春天再飞回北方。
河狸把家筑在河边，然后在河水下游筑起河堤，让河水把房子包围起来，防止敌人入侵。
蜂鸟
我天生就会采蜜！
北美驯鹿
北美驯鹿每年冬季都会排着长长的队伍蜿蜒迁徙，等到春天再一路向北，沿途享受丰盛的草。
座头鲸
河狸
冬季来临前，座头鲸会游上几千千米到温暖的热带海域，在那里生儿育女。
爱偷粮食？呃……天生的。不能怪我！
有些白蚁利用排泄物垒筑成巨型的蚁丘。
黑尾土拨鼠
黑尾土拨鼠拥有庞大的地下城堡。

轻轻地叩击膝盖下面的膝腱，你会发现小腿不自觉地抬了起来，这叫作膝跳反应。
刚孵化出来的海龟宝宝会向着大海爬行，这也叫作本能。
刚出生的小鸡和小鸭见到动来动去的生物就会把它们认作妈妈，这种行为叫作印刻现象。
哈？你们对我好像有什么误会！
妈咪！
如果鸡窝里的鸡蛋少了，母鸡会继续下鸡蛋，以凑足它想要达到的数量。
飞蛾喜欢飞往有亮光的地方。
蟑螂喜欢电源附近。
渔夫在夜晚用灯光吸引鱼类。
动物趋性也是本能的一种，如臭虫的趋热性、昆虫和鱼类的趋光性等。

捕食与防御
捕食，防御？你说了算
紧急通知
以此书缝为警戒线
左页居民不要随意闯入右页。
右页居民要隐藏好自己，小心被左页居民吃掉。
灵敏的听觉
下面这些动物可不好惹。嘘，小声说话，别让它们发现你！
海豚、蝙蝠能利用回声定位，准确地判断猎物的方位。
猫头鹰有两只大小、高低不一样的耳朵，方便在夜间捕猎。
蜘蛛能编织出大大的网，捕捉路过的昆虫。
猪笼草如何捕食？
1
2
3
4
散发气味吸引猎物。
猎物掉入光滑的“瓶口”。
用分泌的消化液将猎物杀死。
分解猎物。
捕蝇草捕食苍蝇。
绝佳的奔跑速度
捕猎或逃跑，速度都是关乎生死的大事。
瞧，捕食者们正在追击猎物，它们能成功吗？
狮子、猎豹等大型肉食性动物捕猎速度非常快。
绝对的体形优势
在捕猎这件事上，大个头本来就占优势。
座头鲸体形巨大，一张嘴就能吃掉很多食物。
线

危险来袭，请做好防御，避免成为别人的“盘中餐”。
生物书上管这叫“保护色”！
它们都很擅长捉迷藏！
变色龙通过改变体色来伪装自己。
枯叶蛱蝶合拢翅膀，伪装成枯萎的树叶。
善于伪装的大师
你绝对猜不到这是……
蓝冠鸦会模仿老鹰的叫声来吓跑其他的鸟。
北美负鼠感到危险时会张开嘴巴装死，同时散发腐尸般的恶臭。
丢掉器官逃跑
海参受到攻击时，会喷出内脏缠住敌人。
为了活命，丢掉小小器官算什么！
蜥蜴、壁虎、海星等生物的器官被丢掉后还能重新长出来。
逃跑时可丢掉的器官。
自我防卫的铠甲
铠甲就是最好的防身术！
仙人掌和玫瑰浑身长满刺，让敌人无法接近。
穿山甲身上覆盖着坚硬的鳞片，遇到敌人时就缩成一个硬球。

光合作用

太阳出来，植物的“阳光食堂”又要开始营业啦！今天，它们要做点什么美食呢？

植物的阳光食堂

光合作用

绿色植物通过叶绿体，利用光能将水和二氧化碳合成有机物并释放氧气的过程。

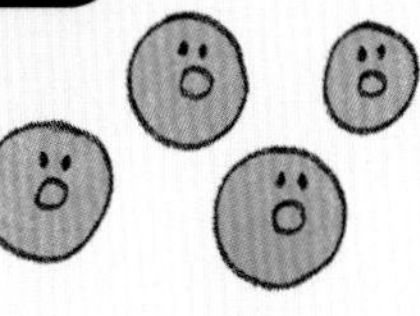

释放氧气

植物排出氧气就像人类排出粪便一样。

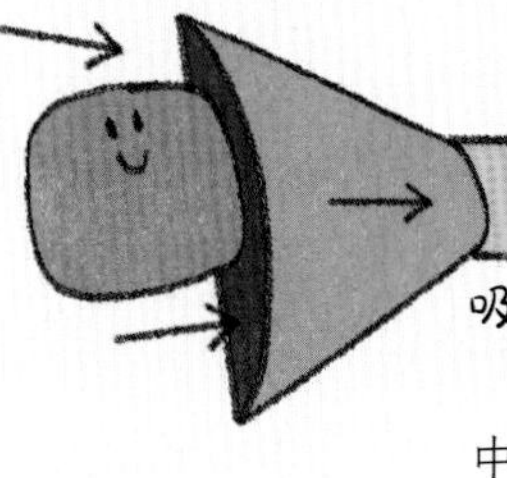

地球上一半的氧气都来自海洋中有着微小细胞的浮游植物的光合作用。

植物餐厅 本餐厅只服务于绿色植物。

是时候展示真正的厨艺啦！
叶绿素

食材已经全部到位，接下来可以进行食物的制作了！

叶绿素负责吸收太阳光

叶绿素在叶绿体内，是一种能吸收太阳光的化学物质。

吸收二氧化碳

叶子负责从空气中吸收二氧化碳。

能量

听，是谁的肚子在咕咕叫？原来是植物！它们没有翅膀，也没有脚，不能像动物那样行走，要怎样获取食物呢？别担心，它们可是会自己制作食物呢！

咕噜、咕噜……

咕噜、咕噜……

根部负责从土壤中吸收水和营养

植物做什么事都非常慢，但是喝水却很快。

一起合成更多的氧气吧!
叶绿体
秋天时，很多植物的叶子变成黄色或红色，那是因为它们所含色素的含量发生了变化。
一个个水分子通过蒸腾作用被运送到叶子的叶绿体中。
叶绿素
今日特色菜
· 阳光
· 水
· 二氧化碳
蒸腾作用
植物将从土壤中吸收的水分以气态形式扩散到周围空气中的过程。
分解糖
当动物吃掉这些植物后，它们会分解糖，以吸收阳光所提供的能量。
能量
几十亿年就吃这个，不腻吗?
不，还是老样子!
今天来点新花样?
假装是棵草，嘘，别揭穿我!
有一些动物也能进行光合作用。
海兔长相酷似披着树叶的小兔子，它在吃完海藻后，会将叶绿素转移到体内，然后只要晒晒太阳就能存活下去。

捂鼻子！这页味道有点……

从现在起，请捂住你的鼻子，因为这是全书里最有味道的一页！

无论动物吃下什么，冰激凌、大象或者蘑菇，最终它们都会变成便便的样子。

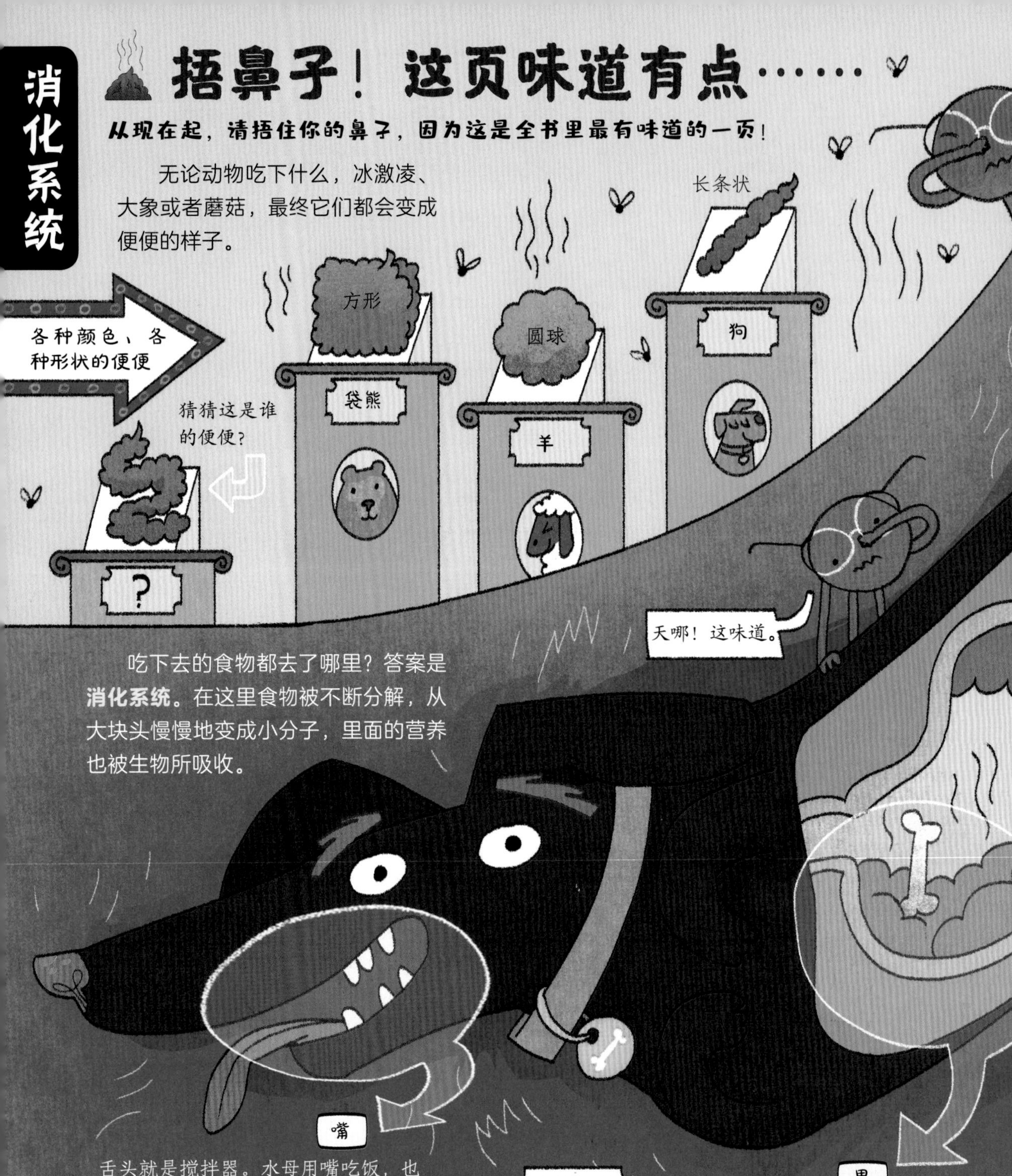

各种颜色、各种形状的便便
猜猜这是谁的便便？
?
袋熊
方形
羊
圆球
狗
长条状
天哪！这味道。
嘴
胃
真的很恶心吗？

吃下去的食物都去了哪里？答案是**消化系统**。在这里食物被不断分解，从大块头慢慢地变成小分子，里面的营养也被生物所吸收。

嘴

舌头就是搅拌器。水母用嘴吃饭，也用嘴排泄。大红鹳要把脑袋倒过来才能把食物送到嘴里。鸟类没有牙齿，粉碎食物主要依靠肌胃来完成。

胃

不同动物的胃有着不一样的形状。胃里的胃酸强大到能腐蚀金属。鸡偶尔会吃一些小石子，并利用胃的蠕动让石子帮忙磨碎食物。

肠是消化系统中最重要的一部分，营养物质的消化和吸收主要发生在这里。

肠道

咀嚼时吞入空气或者食物残渣发酵都会产生屁。雪豹有时会被自己的屁吓到。

屁

名贵的猫屎咖啡是咖啡豆在麝香猫的消化系统里发酵后得来的。

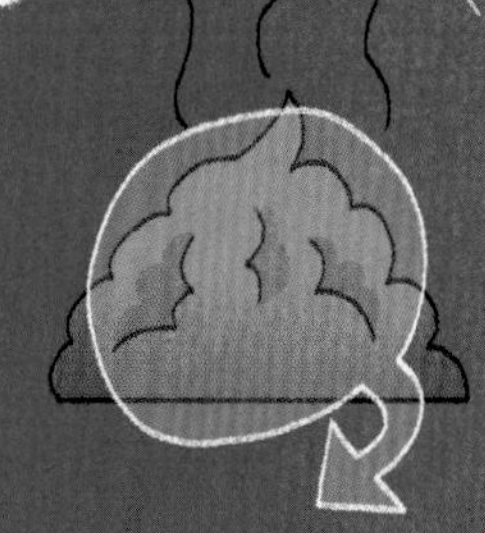

便便

食物被消化系统吸收完养分和水分后，剩下的未被利用的残渣就成了便便。

反刍

有些动物进食一段时间后，会把没有完全消化的食物从胃里返回嘴里重新咀嚼。有些食草动物，如羚羊、长颈鹿、牛、骆驼等，都会有反刍现象。

屎壳郎会把卵产在便便里，这样宝宝就不会饿肚子了。

左页答案：人类

免疫系统

糟糕！有个坏家伙来捣乱

这个世界其实很危险，我们无时无刻不暴露在病菌的威胁中，可为什么我们没有生病呢？这就要感谢我们的皮肤和免疫系统啦！

皮肤是人体的第一道防线，能够抵御大部分病菌的入侵。没有皮肤的地方，如鼻孔，通过分泌黏液将病菌裹住，当你打喷嚏时，病菌就随着黏液被送出体外。

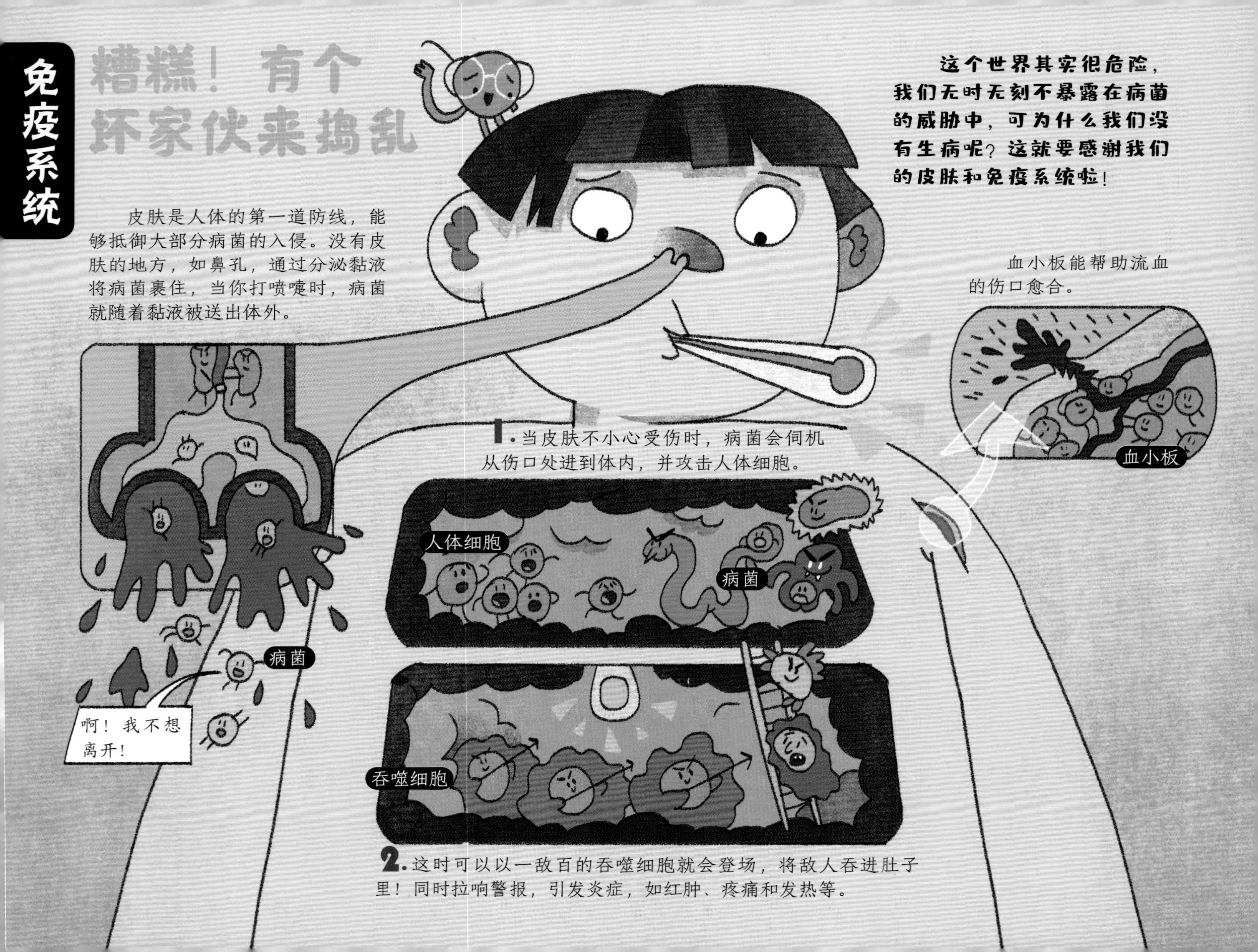

血小板能帮助流血的伤口愈合。

1. 当皮肤不小心受伤时，病菌会伺机从伤口处进到体内，并攻击人体细胞。

2. 这时可以以一敌百的吞噬细胞就会登场，将敌人吞进肚子里！同时拉响警报，引发炎症，如红肿、疼痛和发热等。

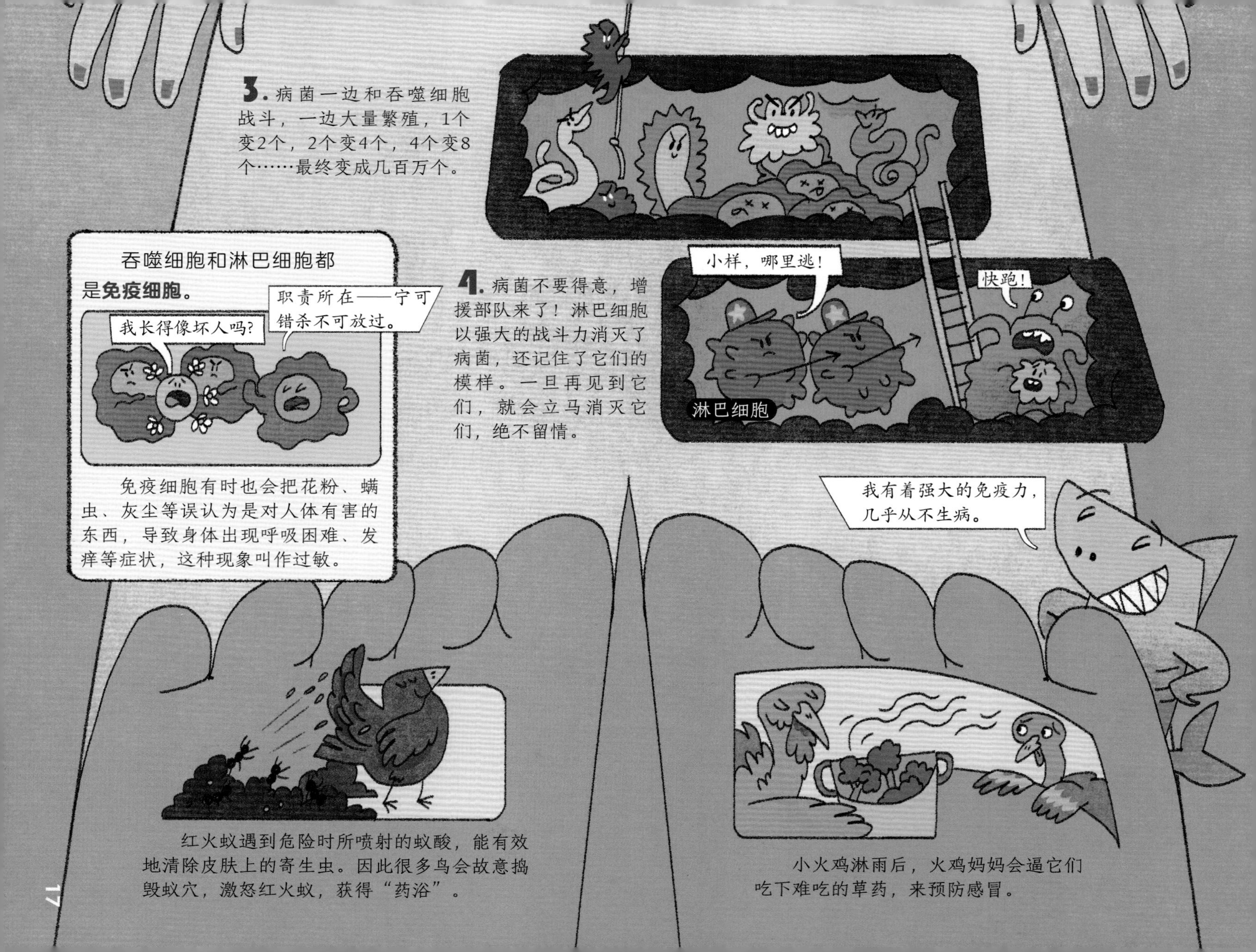
3. 病菌一边和吞噬细胞战斗，一边大量繁殖，1个变2个，2个变4个，4个变8个……最终变成几百万个。
小样，哪里逃！
快跑！
淋巴细胞
4. 病菌不要得意，增援部队来了！淋巴细胞以强大的战斗力消灭了病菌，还记住了它们的模样。一旦再见到它们，就会立马消灭它们，绝不留情。
吞噬细胞和淋巴细胞都是**免疫细胞**。
我长得像坏人吗?
职责所在——宁可错杀不可放过。
免疫细胞有时也会把花粉、螨虫、灰尘等误认为是对人体有害的东西，导致身体出现呼吸困难、发痒等症状，这种现象叫作过敏。
我有着强大的免疫力，几乎从不生病。
红火蚁遇到危险时所喷射的蚁酸，能有效地清除皮肤上的寄生虫。因此很多鸟会故意捣毁蚁穴，激怒红火蚁，获得“药浴”。
小火鸡淋雨后，火鸡妈妈会逼它们吃下难吃的草药，来预防感冒。

合作与共生
不可思议的朋友们
你在童话故事里是不是见过狐狸和兔子成为朋友？在大自然中，有些动物的关系远超出你的想象……
一起乘风破浪！
水牛与牛背鹭
牛背鹭会捕捉牛吸引过来的昆虫，飞累了还会在牛的背上休息。
合作与共生号
大豆与根瘤菌
大豆为根瘤菌提供家和吃的，作为回报，根瘤菌为大豆提供氮素营养，供大豆更好地生长。
小丑鱼和海葵、牛背鹭和水牛……它们都是好朋友。
不擅长游泳的鲫鱼有时会搭乘鲨鱼的“顺风车”去往其他地方。
海葵为小丑鱼提供住所，保护它不被天敌吃掉；小丑鱼则为海葵引来食物，帮它清理身上的寄生虫。
小丑鱼和海葵
鲫鱼与鲨鱼

据说，白天海燕把自己的巢穴借给一种蜥蜴住，晚上自己住。这种蜥蜴则帮海燕赶走威胁它们和海燕蛋的动物，以及清理海燕巢穴里的昆虫。

响蜜䴕发现蜂巢后会发出“咔嗒咔嗒”的叫声，以通知蜜獾。当蜜獾捣毁蜂巢后，响蜜䴕就吃剩下的蜂蜜和蜂蜡。

犀牛与牛椋（liáng）鸟

犀牛害怕大狮子，同样也怕小虱等各种寄生虫和昆虫。毕竟，狮子来了可以跑，但那些虫子可甩不掉。幸亏它的好朋友牛椋鸟可以帮它吃掉身上的这些虫子。

蠕虫、跳蚤、虱子等都是常见的寄生虫，它们在动物的体内或皮毛上生活。

蚂蚁与蚜虫

蚂蚁把蚜虫当“奶牛”养，不仅悉心照料它们，还为它们赶走天敌，只为吃到蚜虫分泌的蜜露。

当敌人靠近时，花纹细螯蟹会用两只大钳子握紧自己的武器——海葵，吓走敌人。而不善于游泳的海葵可以搭着“顺风车”，外出觅食。

清洁虾与鱼群

外表鲜艳的清洁虾经常躲在珊瑚礁上，为各种鱼做清洁，吃掉它们身上的寄生虫。有时，它们甚至会冒险进到顾客的嘴里。

神经系统
大脑从来不偷懒？不一定
当你读到这页文字时，挑一个你认识的字，盯着它看很久……我知道你才看了5秒钟，还不够，继续看！怎么样，现在你还能百分之百确定自己认识它吗？
这是神经系统。
Hello，又见面了，镜子里的帅哥！
不要怀疑，你还是认识这个字的。只不过你的大脑在骗你，准确来说是神经元在搞鬼。对，就是那个长得像树枝一样的东西。
当你用耳朵、眼睛、鼻子、嘴巴和皮肤来获取外界的信息时，它们会像多米诺骨牌一样，把信息一个接一个地传递开，让你的身体做出正确的反应。
苍蝇飞到了嘴里，味道……
呃，榴梿闻起来好像……便便。
神经元
蚊子是通过触角来“听到”声音的。
大象嗅觉灵敏，只要闻一闻，就能发现远处的食物。
蛇靠嗅觉追踪猎物，而它们的嗅觉器官在舌头上。当舌头失灵时，它很难捕到食物。

刚才就是神经元疲劳了，让你产生了不认识那个字的错觉。

大脑外表有一层褶皱。可能有时你会责怪大脑让你感知到疼痛，不过也正是因为这样，你才知道远离危险，避免受伤。

水好烫！赶快缩回舌头。

梅子很酸，不停地流口水。

针很锐尖，快挪开手！

章鱼有9个脑袋，但还是不如人聪明。

在自然界，动物的智商并不靠大脑的数量和大小来决定，而是看**脑神经元**的多少。

蜗牛靠仅有的2个脑细胞做决定，一个告诉它该吃东西了，另一个帮助它去找吃的。

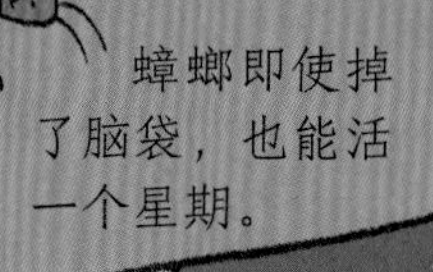

蟑螂即使掉了脑袋，也能活一个星期。

大部分鸟的视觉神经都很发达，所以即使隔得很远也能发现食物。

动物体内也有神经元，不过它们的感受跟我们不太一样。

鲇鱼有强大的味觉，食物还没有送到嘴里前，它就能知道味道如何。

想不到吧，我的味蕾在皮肤上！

如何制作一个小生命

瞧一瞧长得像爸爸，看一看又长得像妈妈，像谁是他们摇骰子决定的吗？大眼睛妈妈和小眼睛爸爸生出来的宝宝会一只眼睛大一只眼睛小吗？同样的爸爸妈妈，为什么你和兄弟姐妹长得不太一样呢？这些问题的答案就藏在DNA里。

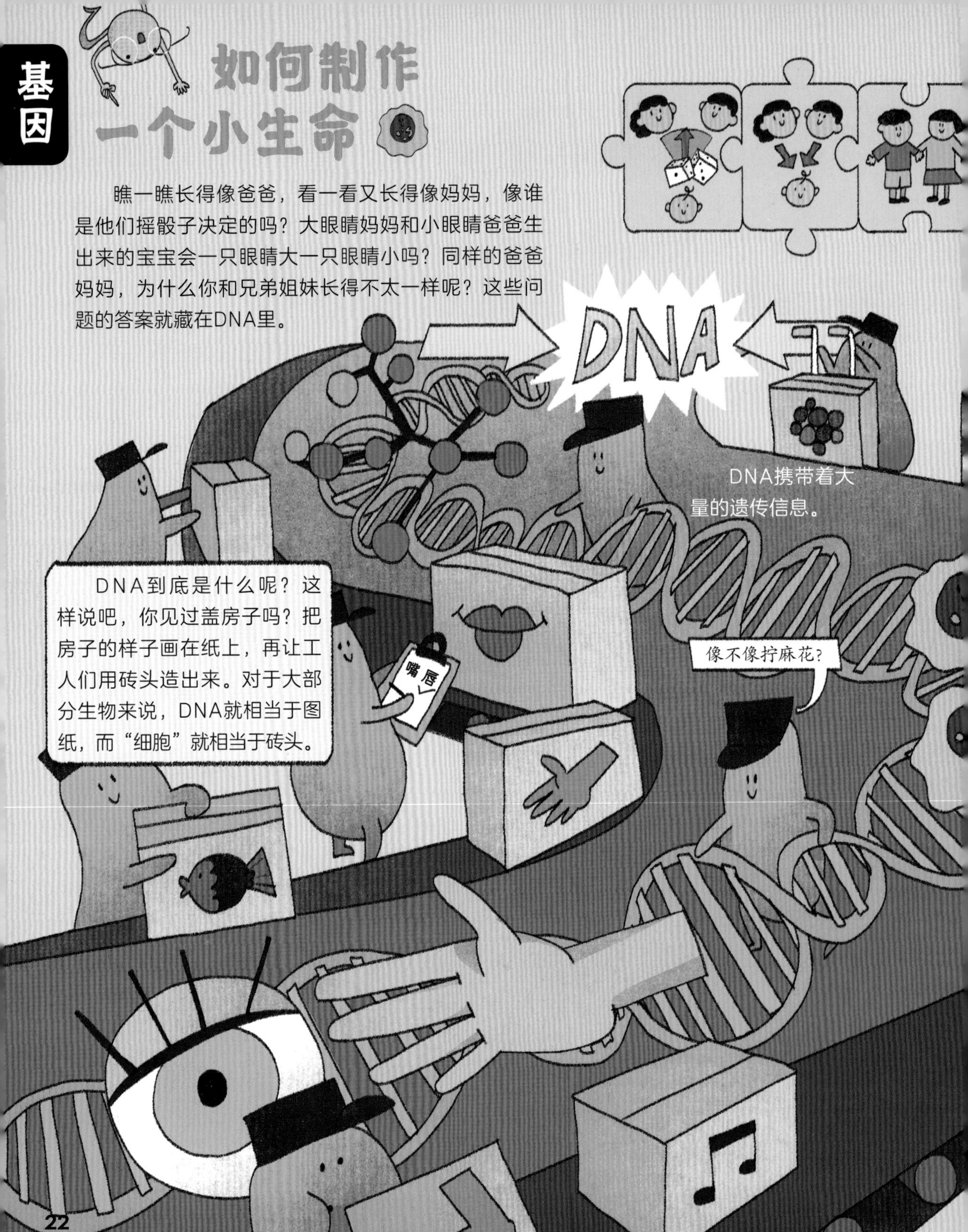

DNA携带着大量的遗传信息。

DNA到底是什么呢？这样说吧，你见过盖房子吗？把房子的样子画在纸上，再让工人们用砖头造出来。对于大部分生物来说，DNA就相当于图纸，而“细胞”就相当于砖头。

细胞按照DNA的说明去组装成尾巴、心脏、花朵、头发……最终变成动物、植物，还有你。

DNA和蛋白质一起组成了染色体。一般情况下，每个人的身体里都会有46条染色体，其中44条都是一样的，而另外2条决定了你的性别。

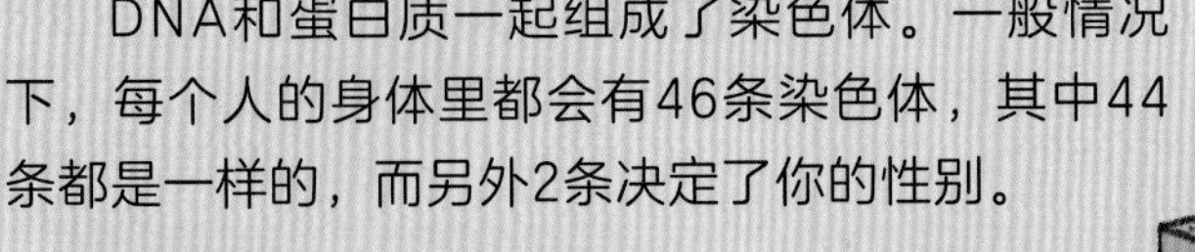

男生体内含有的是X染色体和Y染色体，女生则是2条X染色体。当爸爸妈妈造你时，爸爸给出一个X或一个Y，妈妈只能给一个X。就跟拼积木一样，当你有2条X时，你就跟妈妈一样是女孩；当你有一条X和一条Y时，你就跟爸爸一样是男孩。

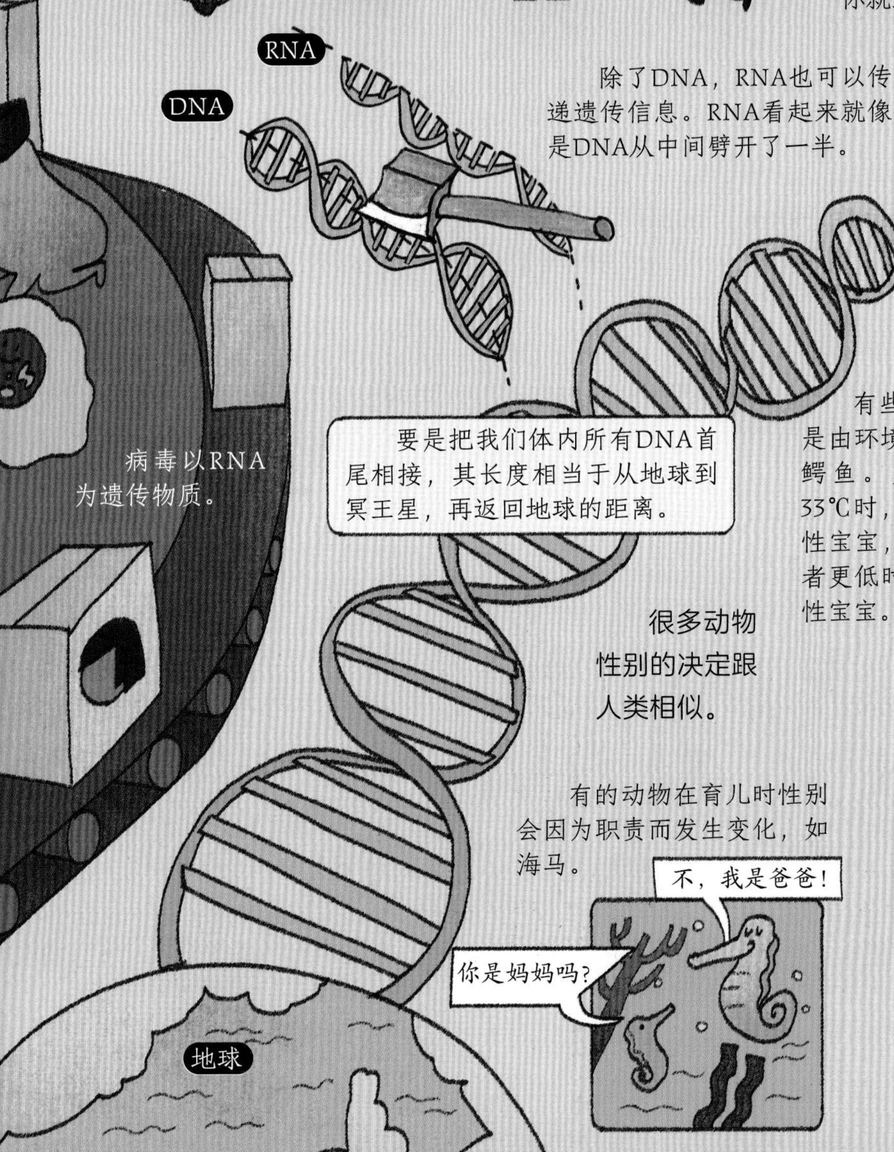

冥王星

除了DNA，RNA也可以传递遗传信息。RNA看起来就像是DNA从中间劈开了一半。

病毒以RNA为遗传物质。

要是把我们体内所有DNA首尾相接，其长度相当于从地球到冥王星，再返回地球的距离。

很多动物性别的决定跟人类相似。

有些动物的性别是由环境决定的，如鳄鱼。巢穴温度在33℃时，可以孵出雄性宝宝，温度更高或者更低时容易孵出雌性宝宝。

有的动物在育儿时性别会因为职责而发生变化，如海马。

蜗牛既是雌性也是雄性，因此任意两只蜗牛在一起就能生宝宝！

摆个石头都是爱你的形状！

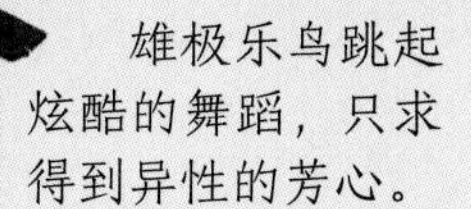

雄极乐鸟跳起炫酷的舞蹈，只求得到异性的芳心。

雄性河豚建造“玫瑰花窗”的海底奇观来追求雌性河豚。

雄园丁鸟会用瓶盖、花瓣、甲虫等来装饰鸟巢，吸引雌鸟。

别笑，求偶是个正经事

到了求偶的时候，动物们就会展示千奇百怪的绝技——唱歌、跳舞、盖房子，甚至打架，只为求得异性的青睐。当然，雌性也会做同样的事。

雌象

大象每隔四到五年才会发情一次，当雌象做好准备后，会向雄象发出召唤声。

许多动物实行一夫多妻制，家族中往往只有一只雄性。

蜜蜂家族只有蜂王能够生下后代，其他蜜蜂都要悉心照料它们。

狮群里只有一只成年的雄狮。

我是狮子王！

雌狮

雄狮

蜜蜂、白蚁、黄蜂和裸鼹鼠都是群居动物，它们都由一只雌性女王占有交配权。

裸鼹鼠族群由唯一的女王鼠和两三只雄鼠交配繁殖，其他裸鼹鼠都只是帮佣，没有生育能力。

为了争夺交配权，雄性会进行血腥的战斗，甚至为此而丧命。

一些雌性动物跟雄性动物交配完后，就会把雄性动物吃掉。

雌螳螂有时候会因为饥饿而吃掉自己的配偶。

雌红背蜘蛛在吃掉雄蛛后，还会把雄蛛的精子储存起来，这样两年内它都不需要再交配。

很多恋爱中的动物体形相差太大，如鮟鱇鱼。

交配时，雄鮟鱇鱼寄生到雌鱼体内。

很多雄性动物为了赢得交配权，会把雌性的宝宝杀死，而妈妈则会冒着生命危险保护宝宝。

动物发育
蛋壳才不是永远的家
你好，我是一颗完美的蛋！但这里并不是我永远的家。
找个保姆。
天空
牛鹂
牛鹂会把蛋下在其他鸟的窝里，骗它们替自己养孩子。
这颗蛋以后会去哪里呢？
陆地
蛇
鳄鱼
海龟
以及你的餐桌上
不同动物的蛋
水边
鸟和爬行动物才从蛋里出来，但你可能不知道，还有一种哺乳动物也会下蛋，那就是鸭嘴兽。
鸭嘴兽
我也是从蛋壳里出来的！
胃
胃育蛙在胃里抚育后代。
胃育模拟

卵也是一种特别的“蛋”，只不过它们没有像鸡蛋那样的外壳。**卵生**是指受精卵在妈妈的体外独立发育的过程。

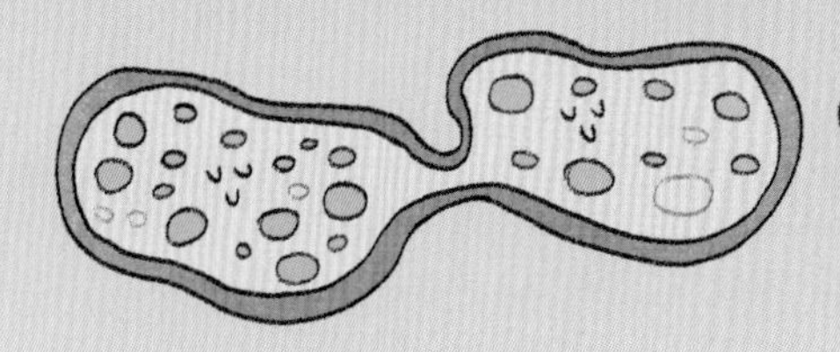

动物界有不少成员在长大过程中，其外表和生活习性会发生很大的变化，比如青蛙、蝴蝶等，人们把这种发育现象叫作**变态发育**。

小蝌蚪生活在水里，有尾巴，没有四肢，用鳃呼吸。

青蛙生活在陆地上，有四肢，没有尾巴，用肺呼吸。

从一颗卵到一只毛毛虫再到美丽的蝴蝶，这个过程一点也不轻松。

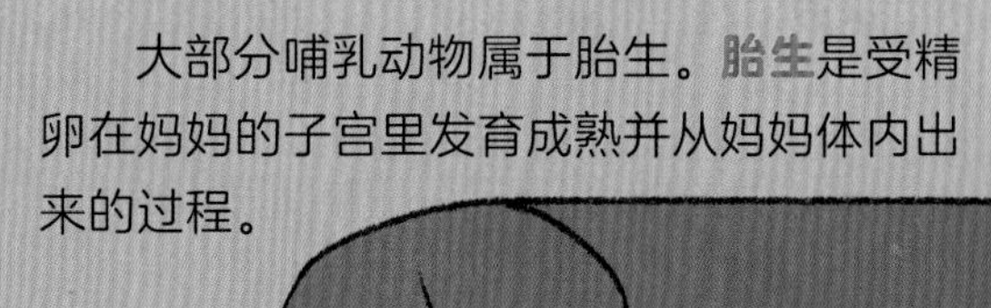

大部分哺乳动物属于胎生。**胎生**是受精卵在妈妈的子宫里发育成熟并从妈妈体内出来的过程。

鲸鱼、斑马、黑猩猩是从妈妈的肚子里生出来的。一般象宝宝要在妈妈肚子里待大约22个月。

食草性动物的宝宝生下来没多久就能奔跑。

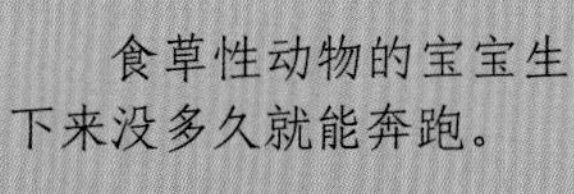

有些动物在长大前会待在妈妈的育儿袋里，如袋鼠、考拉等。

爬行动物的宝宝不需要父母保护，它们生下来就知道如何找食物和抵御敌人。

大多数食肉性动物的宝宝会待在安全的洞穴中，等着妈妈带食物回来。

人的出生

我们每个人都是冠军

我们不是从垃圾桶里捡来的，也不是从地底下长出来的，而是从妈妈的肚子里钻出来的。不过，我们到底是怎么跑到妈妈肚子里的呢？

原来每个人都是冠军！

妈妈的一个卵细胞和爸爸的一个精子相遇，“嘭”的一下，形成了一颗受精卵，这就是最初的你。

一群“小蝌蚪”拼命地在妈妈的子宫里赛跑。在这场比赛中，只有第一名才会成为你。

精子长得像小蝌蚪，它们从爸爸的体内游出来。

卵细胞是圆滚滚的球状，它待在妈妈的子宫里。

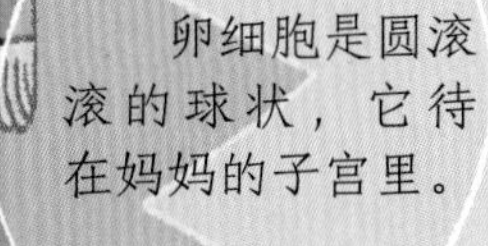

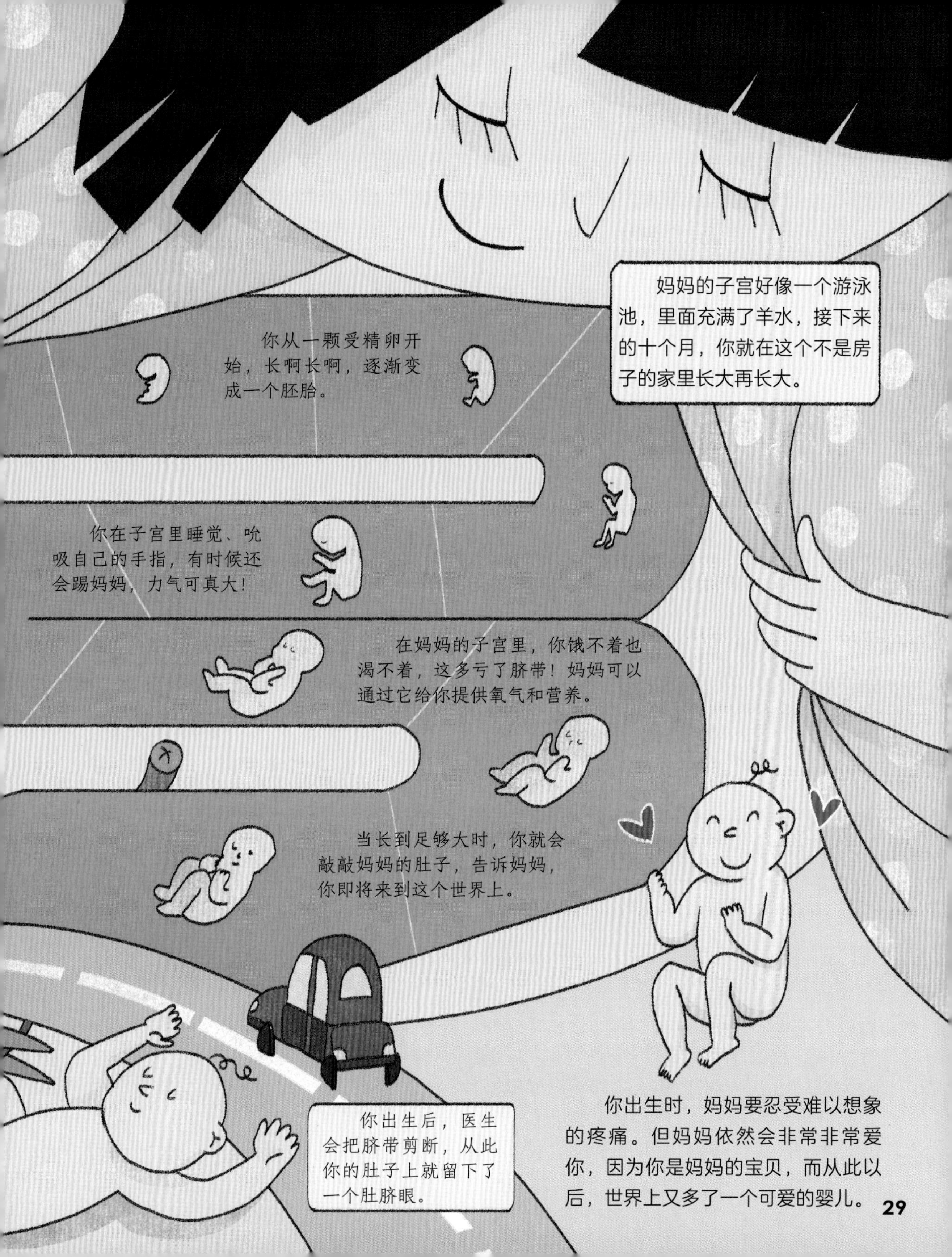
妈妈的子宫好像一个游泳池，里面充满了羊水，接下来的十个月，你就在这个不是房子的家里长大再长大。
你从一颗受精卵开始，长啊长啊，逐渐变成一个胚胎。
你在子宫里睡觉、吮吸自己的手指，有时候还会踢妈妈，力气可真大！
在妈妈的子宫里，你饿不着也渴不着，这多亏了脐带！妈妈可以通过它给你提供氧气和营养。
当长到足够大时，你就会敲敲妈妈的肚子，告诉妈妈，你即将来到这个世界上。
你出生后，医生会把脐带剪断，从此你的肚子上就留下了一个肚脐眼。
你出生时，妈妈要忍受难以想象的疼痛。但妈妈依然会非常非常爱你，因为你是妈妈的宝贝，而从此以后，世界上又多了一个可爱的婴儿。

一粒种子的胜利

一颗种子变成参天大树，这个不可思议的过程到底是怎样发生的呢？

大多数植物都会开花，开花植物经过**授粉**后，种子就产生了。

西红柿会把花粉藏起来。当风吹过或者昆虫停留时，植株就会晃动，将花粉给摇出来从而完成授粉。

小蜜蜂的腿上沾满了花粉，这些花粉会跟随小蜜蜂到处旅行。

蝴蝶在花丛中飞舞时也会传播花粉。

有些植物可以**无性繁殖**，比如月季。只要把月季花的枝条重新插到土里，就能长出新的枝丫。

有些植物靠**孢子繁殖**，如苔藓和蕨类。它们会产生孢子，长出新的植株。

总之，植物会用各种各样的方式将种子送到人们意想不到的地方。

1. 靠小动物传播。

松鼠过冬时会埋很多松果，但经常忘记埋藏的地点，以至于每年都会意外栽种上百棵树。

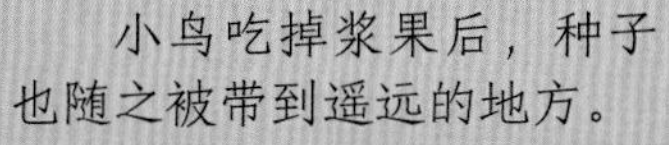

小鸟吃掉浆果后，种子也随之被带到遥远的地方。

苍耳的种子藏在壳里，可以挂在动物的皮毛或人的衣服上进行远行。

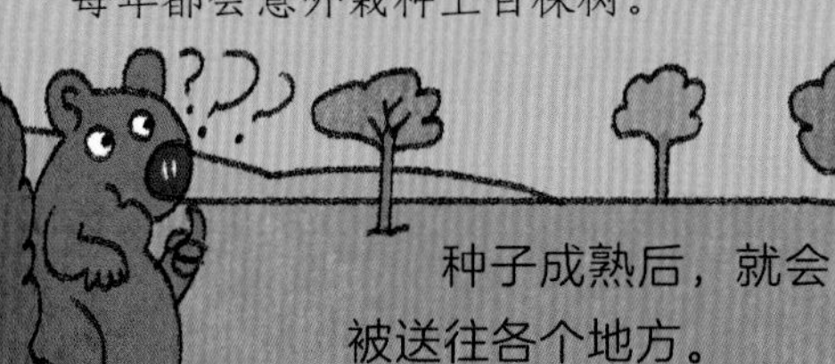

大象吃掉果实后，有时会走上几千米才把种子以粪便的形式排出体外。

种子成熟后，就会被送往各个地方。

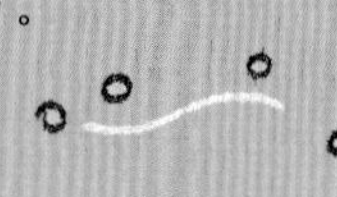

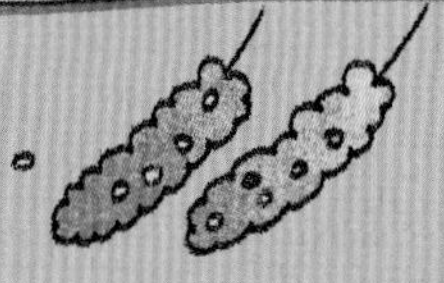

2. 靠风或水来传播。

荷花的种子是莲子，莲子长在莲蓬里。成熟的莲子会掉进河里，顺水漂走。

柳树的种子藏在柳絮里，风会把它们带到远方。

风一吹，蒲公英的种子就乘着“降落伞”开始了寻找家的旅行。

成熟的椰子会掉落到海里，顺水漂到另一处沙滩安家。

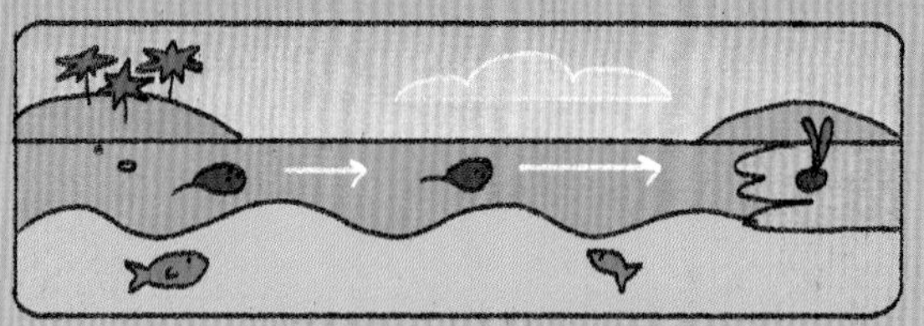

3. 靠自己的力量传播。

牵牛花的种子成熟后会被弹射出去。

在适宜的条件下，种子会破土而出，发芽、长大。

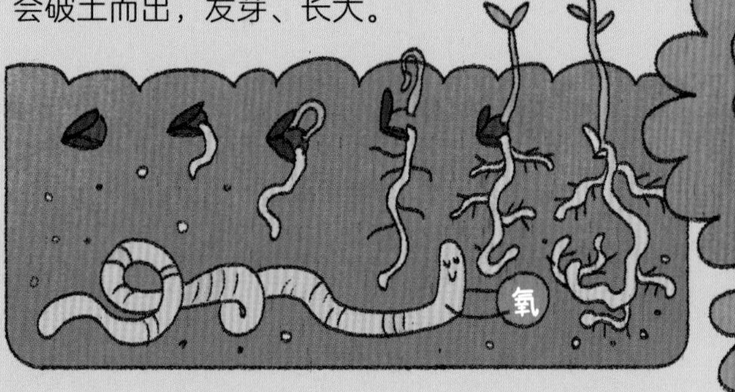

蚯蚓会在土里钻来钻去，给种子的根带去氧气。

一月又一月，一年又一年。终于，种子胜利，大树长成了！

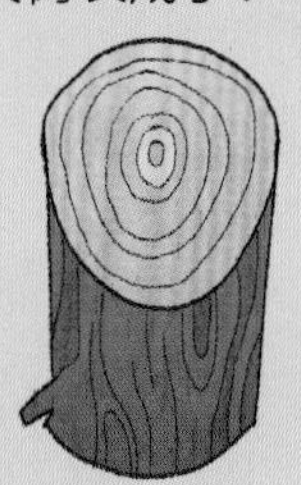

一圈年轮代表一年，数数有多少圈年轮，就可以知道一棵大树的年龄。

像达尔文一样思考

你能想象得到吗？地球上所有的生物，无论是鱼、香蕉，还是人类，都来源于共同的祖先——最原始的细胞。这些细胞为了更好地适应环境，朝着不同的方向进化，于是才逐渐演化出了各种各样的生物。

地球上的生命进化史

宇宙形成

有个叫达尔文的科学家在无人岛上发现了生物进化的秘密，还因此写了一部轰动世界的书——《物种起源》。

物种起源
达尔文

这本书讲了一个故事，用大人的话来说就是——**物竞天择，适者生存。**

早期的地球是个没生命的大火球。

地球形成

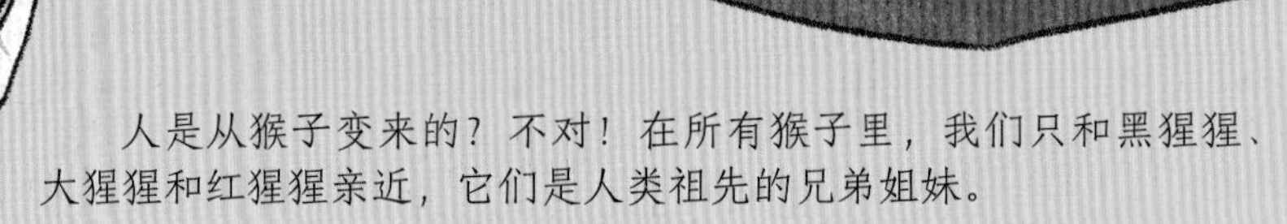

我是一个细胞！
原始生命体诞生
多细胞生物形成

人是从猴子变来的？不对！在所有猴子里，我们只和黑猩猩、大猩猩和红猩猩亲近，它们是人类祖先的兄弟姐妹。

以前玫瑰花是没有刺的，突然生出了带刺的品种，路过的小动物都不敢吃它，于是这种玫瑰越长越多，而没有刺的玫瑰花越来越少，直到世界各地的玫瑰花都成了带刺的。

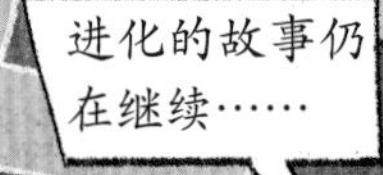

进化的故事仍在继续……

今天

以前有一种狼性格比较温和，人们不仅不怕它们，反而还给它们食物。于是这种狼开始跟人类一起生活，后来生下了一窝小狼，其中有一只长得很不一样，但是它的主人认为它很可爱，于是让它跟其他小狼生宝宝……就这样，慢慢出现了今天大街上各种各样的狗。

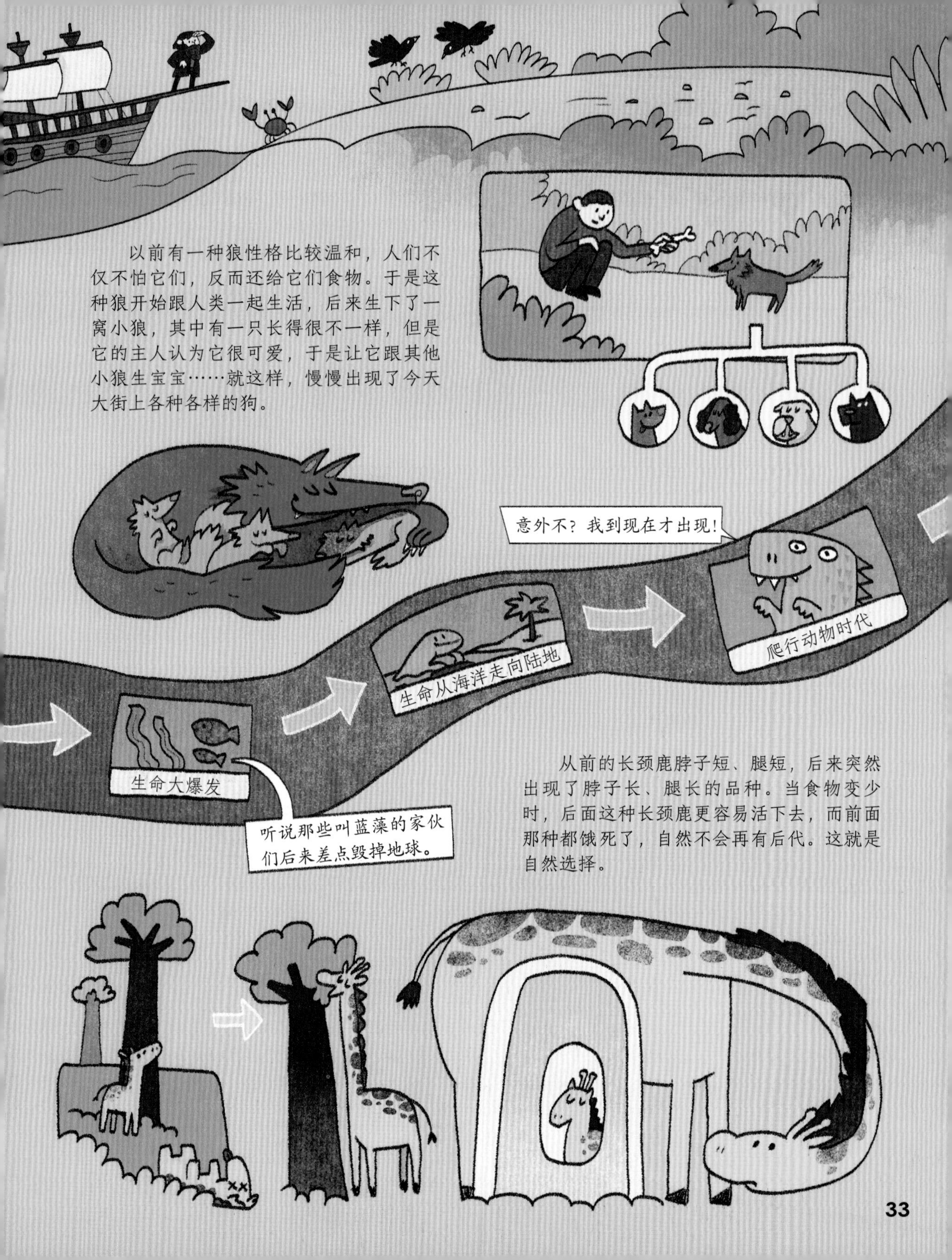

意外不？我到现在才出现！
爬行动物时代
生命从海洋走向陆地
生命大爆发
听说那些叫蓝藻的家伙们后来差点毁掉地球。

从前的长颈鹿脖子短、腿短，后来突然出现了脖子长、腿长的品种。当食物变少时，后面这种长颈鹿更容易活下去，而前面那种都饿死了，自然不会再有后代。这就是自然选择。

《食物链手册》说明书

植物把阳光转化为食物，供自己生长，可是别的生物（包括人）肚子饿得咕咕叫……这就引发了一场抢夺食物的大战。究竟谁吃谁？大自然可有自己的规矩，详情请看《食物链手册》这本书。

食物链

物质和能量从一种生物传递到另一种生物的途径叫食物链。

能量在食物链中进行传递和转化，同时发生损耗，用来维持生物的生长、运动和保暖等。

我把阳光转化为食物，为自己的生长提供了养分。

我饿了，吃了小草。

我饿了，吃了兔子。

我饿了，吃了狐狸。

老虎死后，我来分解老虎的尸体。

被微生物分解的尸体能增强土壤肥力，供小草茁壮成长。

好饿！

好饿！

好饿！

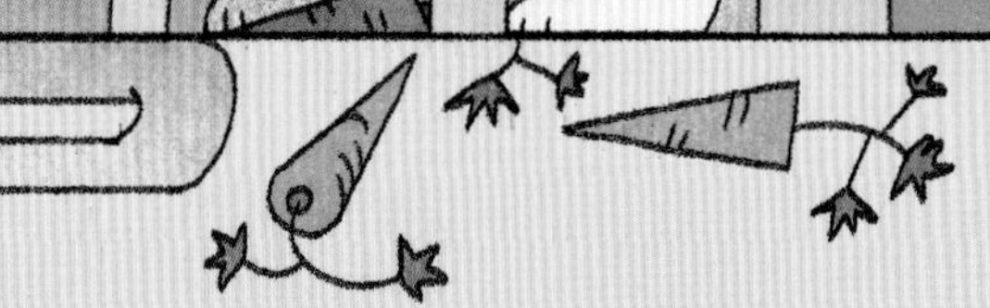

主产者

负责生产养分的植物。

消费者

靠吃别的生物为生，主要由人和动物组成。

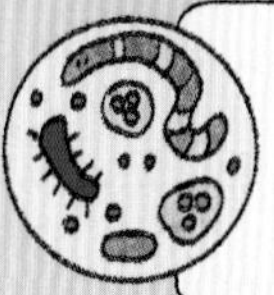

分解者

将其他生物的尸体分解，并将养分回归到自然界，主要由微生物和真菌等组成。

食物链金字塔

食物链金字塔很好地体现了“大自然中谁吃谁”的关系。

你知道吗？你吃掉一个鸡腿所获得的能量是从太阳光到草、到虫，再到鸡得来的。

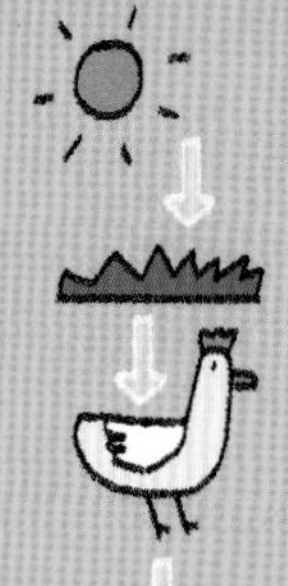

注意！一棵树是不能吃鲨鱼的！下次想吃谁，请自觉查看这本书。

大多数生物不只吃一种食物，因此产生了很多不同的食物链，这些食物链彼此交错相连，就组成了**食物网**。

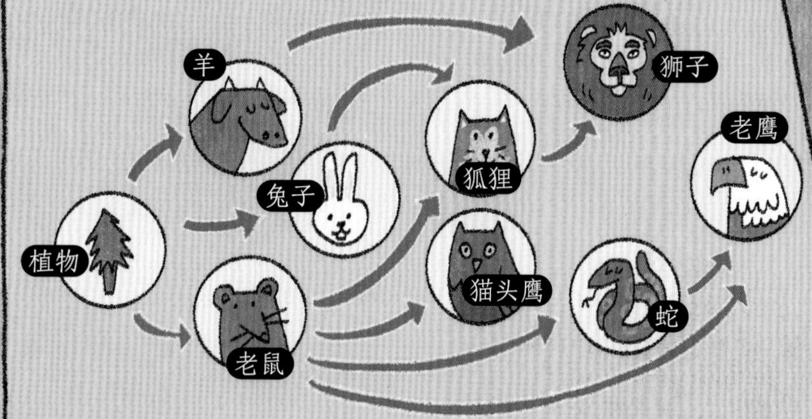

生物富集

人类往大自然中排放了很多有毒物质，它们会从食物链的底层一步步流动到食物链的顶端。

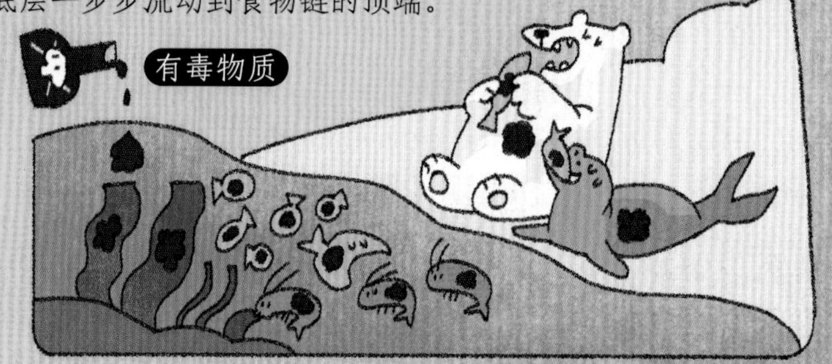

有毒物质进入海洋后，污染了海藻，海藻被鱼、虾等吃掉，鱼虾被北极熊和海豹等吃掉，最终进入了人类身体里。

栖息地
没有地方比得上家园
栖息地是动物安家和生活的地方，它可以是一片草原，也可以是一个小池塘，甚至是一块腐烂的木头。
瞧，动物们高度适应各自的栖息地。如果让它们搬到别人的家里，它们很可能生存不下去。
死亡之海——沙漠
在沙漠里，很多生物仅靠少量的水分就能生存。
仙人掌的刺能有效减少水分流失。
骆驼的驼峰里装的不是水，而是脂肪。
雾姥甲虫
每当清晨沙漠起雾时，雾姥甲虫就会钻出洞穴，爬上高高的沙丘，用身体将雾气凝结成水珠，再喝掉顺着身体流入嘴里的水。
夜晚的沙漠更凉爽，有很多动物会选择在夜间活动，而白天则待在岩石下或地下洞穴中。
生命舞台——热带雨林
热带雨林里降水丰富，气候稳定，没有很冷或很热的时候，非常适合生物生存繁衍。
热带雨林里的植被大致可分为三层：顶层是树冠，中下层是乔木，底层是低矮灌木。
世界上约有80%的昆虫都生活在这里。
这里生活着地球上几乎一半的动植物物种。

冰雪王国——极地
在南极和北极，动植物自有巧妙的生存方法。
苔原分布在极地周边，可供驯鹿、旅鼠和雪兔等动物生存。
北极熊的皮毛呈白色，既能保暖，又能伪装。为了觅食，北极熊能跋涉将近5千米。
帝企鹅主要生活在寒冷的南极洲。它们胖胖的身体里储存了大量的脂肪。
动物们有的长着厚厚的皮毛，有的长着厚厚的脂肪，以此来御寒。
群兽乐园——草原
草原有明显的干、湿季，住在这里的动物生活比较艰苦，有时为了在干旱季节找到水源和食物，它们要奔波很远。
地球上很多大型的食草动物就生活在这里。

我们只有一个地球

假如给你一个新的身份，一条鱼、一棵树，甚至是地球……你的生活将变成什么样子呢？

温室效应

由于人类燃烧石油和煤矿，产生了大量温室气体（主要是二氧化碳），使全球温度升高。

如果你是北极熊

由于浮冰减少，依靠浮冰捕食海豹的你只能饿肚子。

如果你是地球

照到地球上的太阳光没增加，但由于温室效应，热量很难排出去，因此你发烧了……

如果你是牛

你在打嗝、放屁或排便时释放出的甲烷也是一种温室气体，因此全球变暖你也“贡献”了一份力。为此人类想改变你的饮食，甚至还给你喂大蒜！

砍伐森林

如果你是一棵树

还没等你长到足够高大，人类就把你砍掉了。

如果你是森林里的动物

人类毁了你的家，连你的邻居、亲戚也没放过。没了家，你找不到食物，也找不到配偶，你的家族成员将越来越少，直到消失。

污染海洋

如果你是海洋

你生病了，很难吸收二氧化碳，而温室效应将变得更加严重。

如果你是鱼

人类把脏水排放到你的家，你呼吸、喝水、吃饭都有毒。

如果你是乌龟

你以为白色的塑料是食物，于是吃了下去，结果生病死亡。

如果你是土壤

垃圾污染你了，生长在你身上的植物和动物都将死去。

该醒了！你还是你。

那么，刚才只是做了一场噩梦？那可不是梦，而是即将或正在发生的事。

好热啊！不要再给我盖棉被了！
热量
热量

记住，我们只有一个地球，千万要保护好它！

如果你是大象

人类杀了你，把不属于他们的牙从你这里抢走了。

买卖动物

如果你是动物的皮毛

怎么装饰在人的身上？原来你真正的主人已经被杀害了。

如果你是动物标本

在人类的捕杀下，你已经失去了生命……

作者简介:

刘全儒，北京师范大学生命科学学院教授、博士生导师，北京植物学会常务理事，被誉为“华北植物第一人”。主要从事植物分类学、植物资源学、植物地理学等方面的教学和研究工作。1995年7月晋升讲师。参加《中国高等植物》以及《中国植物志》（英文版）部分科属的编写。

绘者简介:

阿里安娜·贝鲁奇，来自意大利佛罗伦萨的自由插画家，毕业于尼莫数字艺术学院的娱乐设计专业，曾是意大利电子游戏工作室的角色设计师和概念设计师，对儿童绘本、动画电影和音乐充满热情。